DOMAINE DE RÉRALS

APPARTENANT

A M. DUBRUEIL (FERDINAND)

PRÉSIDENT DU COMICE AGRICOLE DE VILLEFRANCHE

MÉMOIRE

POUR LE

CONCOURS DE LA PRIME RÉGIONALE

DANS L'AVEYRON, EN 1868

VILLEFRANCHE

IMPRIMERIE DE PROSPER BARDOU, RUE NOIRE

MDCCCLXVII

MÉMOIRE

POUR

LE CONCOURS DE LA PRIME RÉGIONALE

DANS L'AVEYRON, EN 1868

VILLEFRANCHE
Vᵉ CESTAN

DOMAINE DE BÉRALS

APPARTENANT

A M. DUBRUEIL (FERDINAND)

PRÉSIDENT DU COMICE AGRICOLE DE VILLEFRANCHE

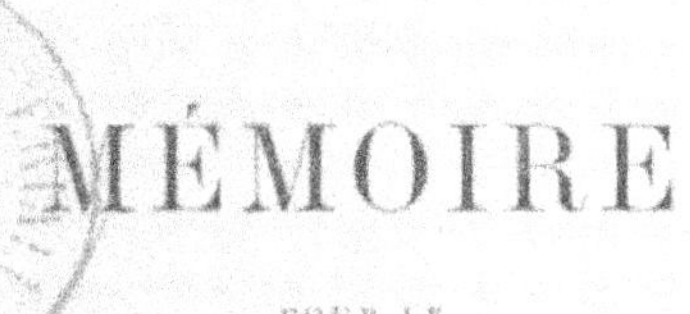

MÉMOIRE

POUR LE

CONCOURS DE LA PRIME RÉGIONALE

DANS L'AVEYRON, EN 1868

VILLEFRANCHE

IMPRIMERIE DE VEUVE CESTAN, NÉE MOINS

MDCCCLXVII
1867

DOMAINE DE BÉRALS

APPARTENANT

A M. DUBRUEIL (Ferdinand)

PRÉSIDENT DU COMICE AGRICOLE DE VILLEFRANCHE

MÉMOIRE

POUR

LE CONCOURS DE LA PRIME RÉGIONALE

DANS L'AVEYRON, EN 1868

RENSEIGNEMENTS GÉNÉRAUX

Situation. — Sol. — Climat. — Eaux, leur nature. —
Débouchés. — Main-d'œuvre.

Le domaine de Bérals est situé sur la commune
de Morlhon, à sept kilomètres de Villefranche,
sur un plateau ondulé, dans la région désignée
vulgairement dans le pays sous le nom de *Ségala*,
ce qui veut dire terre à seigle.

La base principale de la couche arable de cette
contrée est le gneiss et le mica-schiste ; on y trou-

ve, sur quelques points, de rares traces de quartz. Quelques parties marécageuses présentent le caractère tourbeux. Le sous-sol est composé d'argile sablonneuse, très-siliceuse et imperméable.

Les sources y sont très-fréquentes, les eaux assez abondantes, mais généralement d'une crudité telle qu'elles ne fournissent aux plantes aucun élément fertilisateur. Celles qui proviennent des terrains marécageux ou qui l'ont été, tiennent en dissolution et charrient des substances métalliques, ce qui les rend nuisibles à la végétation de toutes les plantes utiles.

Le climat est tempéré quoique sujet à de brusques variations.

Les débouchés sont faciles à cause du voisinage d'un marché important, *Villefranche*, et d'une voie ferrée à laquelle aboutit la route impériale numéro 111. Le domaine de Bérals est en outre desservi par le chemin de moyenne communication, numéro 129, et par plusieurs chemins ruraux.

La main-d'œuvre est rare et chère, surtout si on la compare à ce qu'elle était il y a quinze ou vingt ans. Le prix de la journée des hommes est de 2 fr. à 2 fr. 50 en été, de 1 fr. 50 à 2 fr. en hiver; les femmes sont payées 1 fr. 50 en été, 1 fr. 25 en hiver. Le prix des travaux de la moisson subit des variations énormes suivant leur urgence; il est difficile de donner une moyenne exacte, mais on ne saurait l'évaluer à moins de 3 fr. 50.

Productions du pays.

Sur le plateau où se trouve situé le domaine de Bérals, le sol est pauvre, on peut presque dire infertile, car il ne devient productif qu'à l'aide du fumier, de la chaux ou de l'écobuage, malheureusement trop souvent pratiqué. Il produit spontanément la bruyère, les genêts, la fougère et le petit ajonc épineux.

Les prairies y sont assez nombreuses, mais presque partout de mauvaise qualité.

Outre le seigle, l'avoine et les pommes de terre, on y cultive — mais depuis quelques années seulement — le froment sur les terres amendées par la chaux. On n'y élève pas de bêtes à cornes; les travaux de labour sont faits par des vaches (exceptionnellement par des bœufs), que l'on achète en Auvergne et dont les veaux sont livrés à la boucherie à l'âge de quatre à cinq mois.

La race ovine est petite et chétive, mais elle fournit une toison assez estimée.

L'engraissement des porcs, au moyen des châtaignes, est pratiqué sur une assez vaste échelle; il constitue une des principales ressources du pays.

D'après cet aperçu succinct, mais qui caractérise agronomiquement, d'une manière générale, la région dite *Ségala*, il est facile de se rendre compte des difficultés énormes qu'il a fallu surmonter pour arriver à transformer un sol aussi ingrat et à l'élever au niveau des terres de première qualité. C'est cependant ce qui a eu lieu sur le domaine de Bérals.

Je vais indiquer par quels moyens et par quel mode de culture j'y suis parvenu.

Il importe d'abord de bien préciser l'état spécial de ce domaine avant le commencement des améliorations, afin que l'esprit soit plus vivement frappé par la comparaison et qu'il puisse mesurer mathématiquement, pour ainsi dire, la distance parcourue. C'est aussi dans le but de fournir au jury un élément de comparaison qui saisisse l'œil, que j'ai cru devoir lui présenter deux plans : l'un, copie exacte du cadastre, représente la propriété telle qu'elle était primitivement, avant toute espèce de travaux d'amélioration ; l'autre, telle qu'elle est aujourd'hui.

RENSEIGNEMENTS SPÉCIAUX

AU DOMAINE DE BÉRALS

Sa division première. — Mode de culture employé par les fermiers ou métayers, etc., etc.

Depuis 1821, époque de son acquisition par mon père, jusqu'en 1839, le domaine de Bérals resta livré aux mains de métayers ou de fermiers. Le prix du fermage était de *mille* francs annuellement, plus quelques réserves évaluées à *deux cents* francs, total *douze cents* francs. Le propriétaire se réservait en outre la jouissance de la maison de maître et d'une partie du jardin.

Le fermier cultivait selon les errements routiniers usités dans le pays. Il entretenait maigrement une paire de bœufs pour les labours, sept vaches, une jument mulassière, un troupeau de vingt brebis mères et douze cochons à l'engrais. Ces animaux vaguaient toute l'année, sauf pendant les grands froids, dans les landes marécageuses et les bruyères qui couvraient la presque totalité du sol.

Il semait huit sacs de seigle (ancienne mesure), quatre d'avoine et récoltait à peine la quantité de grains suffisante pour nourrir le personnel de la ferme, qui se composait : 1° de deux hommes, le fermier et un valet de charrue ; 2° d'un enfant de douze à quinze ans, qui gardait les vaches ; 3° d'une bergère pour le troupeau ; 4° enfin d'une ménagère qui prenait en même temps soin des cochons.

Voici du reste la division du domaine telle qu'elle était alors :

1° Terres.	14^h	28^a	70^c
2° Prés.	8	99	30
3° Pâtures, bois, bruyères.	54	49	40
4° Eaux		9	72
5° Jardins, cours, bâtiments et chemins.	2	17	98
	80	05	10

Sur cette contenance totale de quatre-vingts hectares, quatorze seulement étaient cultivés. L'instrument employé était l'araire romaine qui, quinze mètres de distance ; dire que la fougère occupait si complètement le sol que souvent, même dans les champs cultivés, on ne voyait pas, au moment de la récolte, les épis de seigle étouffés par cette plante qui les dépassait en hauteur ; signaler ce fait : qu'il est arrivé plusieurs fois au fermier de récolter moins que la semence, et que les meilleurs résultats ne dépassaient jamais quatre pour un ; n'est-ce pas, en peu de mots, donner une idée des difficultés qu'il fallait vaincre pour nettoyer, défricher et amender cette aride propriété, négligée depuis plus d'un siècle et qui était rebelle à toute production utile ?

Aussi l'on peut dire, sans crainte d'être démenti, que nulle autre propriété, dans l'Aveyron, n'a subi de modification plus profonde, plus radicale, et qu'elle y représente le vrai type du progrès, aux yeux de tous ceux qui peuvent se rendre compte du point de départ.

Non que je veuille conclure que tout est fait, et qu'elle a atteint son apogée de production. A Dieu ne plaise que je me donne le ridicule de prétentions outrées que je ne saurais justifier ; mais j'ose affirmer que nul autre peut-être n'a exercé sur l'agriculture du pays une influence plus heureuse.

Elle a eu l'initiative d'une chose banale aujourd'hui, le chaulage. Le premier champ où il a été appliqué, par mon père, dès 1839, est là. Dire ce qu'il a fallu essuyer de quolibets, de railleries, dire toutes les objections malveillantes qu'il a fallu combattre, toutes les incrédulités qu'il a fallu convaincre, toutes les résistances dont il a fallu triompher, serait trop long et d'ailleurs sans grand intérêt ici.

Mais ce qu'il importe de bien préciser, c'est que l'initiative de toutes les améliorations, sans lesquelles il n'y a pas, dans nos terrains, d'agriculture possible, nous appartient : le chaulage, le drainage au moyen de tuyaux, les labours profonds — alors qu'il était admis, comme article de foi, qu'il fallait bien se garder de ramener à la surface la *mauvaise terre* — la culture de plantes fourragères inconnues jusqu'alors, l'introduction d'étalons améliorateurs etc. Enfin, si la prime est la récompense de services rendus, j'ai la confiance de pouvoir justifier ma candidature.

Lorsque mon père me céda la propriété de Bérals, en 1849, il avait chaulé dix hectares environ, il avait proportionnellement augmenté ses fourrages, par la culture des prairies artificielles dès lors devenue possible. Le bétail mieux nourri fournissait une plus grande somme de fumier. Le produit net s'était élevé à deux mille francs environ. L'amélioration, on le voit, était déjà sensible ; mais il restait encore beaucoup à faire. Il restait surtout à déterminer quel système de culture il convenait d'adopter. C'est alors que, par l'étude approfondie de ma propriété, je suis arrivé à une conclusion, dont l'application est absolument indispensable lorsque dans la pratique de l'agriculture on recherche des profits et qu'on ne se contente pas de travailler uniquement pour passer son temps : c'est qu'il ne suffit pas de faire des réparations plus ou moins coûteuses, plus ou moins importantes, mais que, parallèlement aux travaux nécessaires, il est essentiel de placer un assolement qui réponde à toutes les exigences, non-seulement du sol, mais encore de la main-d'œuvre, du climat, des débouchés etc......

Je vais décrire, aussi succinctement que possible, les divers travaux que j'ai entrepris, les amendements employés sur le domaine de Bérals, l'assolement adopté, les motifs qui m'ont guidé dans chacune de mes opérations, afin que Mes-

sieurs de la commission puissent apprécier —
qu'on me permette l'expression — la partie *morale*
en même temps que la partie matérielle de l'entreprise.

Je donnerai ensuite le tableau de la division
actuelle de la propriété. Il servira de point de
comparaison. Puis je dirai quel est le système qui
régit mes animaux domestiques; enfin j'exposerai
le mode de comptabilité adopté, en faisant connaître la situation présente du domaine.

Défrichements. — Drainages.

J'ai décrit plus haut l'état primitif du sol divisé
en quatre-vingt-onze parcelles, et dévoré par des
haies de quinze à vingt mètres de largeur, son
envahissement par la bruyère, l'ajonc et la fougère; mais j'ai oublié de dire que dans toutes les
parties marécageuses on trouvait des aulnaies en
taillis, aux troncs séculaires. Les premiers travaux indiqués consistaient donc dans le défrichement de ces espèces de maquis inextricables.
Soixante hectares environ ont subi cette nécessaire transformation.

Après le défrichement devait venir le drainage

des parties marécageuses, que l'on pouvait évaluer au quart environ de la surface totale. Ces drainages ont été faits d'abord avec les pierres ramassées dans les champs, et plus tard, lorsqu'elles ont été épuisées, avec des tuyaux en terre cuite.

Le premier mode coûtait trente-cinq centimes le mètre courant, le second vingt-deux centimes; mais il convient de remarquer que du prix de trente-cinq centimes il faut distraire celui qu'aurait coûté l'épierrage que j'évalue à quatre ou cinq centimes. Il n'en reste pas moins établi que le drainage par tuyaux est plus économique. L'un coûte environ cent quatre-vingts francs par hectare, l'autre deux cent cinquante.

J'ai drainé dix à onze hectares avec des pierrailles, et six avec des tuyaux.

Amendements.

Le sol naturellement aigre et froid, n'assimilant qu'une faible partie des engrais qu'on lui confie, exige impérieusement un chaulage énergique; c'est une condition *sine qua non*.

Après quelques essais comparatifs, j'ai reconnu qu'une moyenne de quinze mètres cubes par hectare n'était pas exagérée. Cette moyenne est aujourd'hui généralement adoptée.

Depuis ma prise de possession du domaine de Bérals, j'ai chaulé ainsi cinquante-huit hectares ; dix l'avaient été précédemment : soit en tout soixante-huit hectares qui ont été chaulés successivement, au fur et à mesure des défrichements et des ressources en fourrages, que pouvaient fournir les précédentes améliorations.

Mais, si je ne pouvais présenter d'autres titres à l'appui de ma candidature, je serais dans les conditions générales de la plupart des propriétaires du pays qui, tous ou presque tous, ont chaulé, drainé, défriché lorsqu'il y avait lieu de le faire.

Ces réparations ne constituent pas d'ailleurs en elles-mêmes l'agriculture proprement dite. Elles sont indispensables en certains cas il est vrai, mais seulement comme préparation aux travaux agricoles. Je vais expliquer ma pensée en parlant des assolements.

Assolement.

J'arrive au point capital de toute exploitation, à l'assolement. C'est la pierre de touche de l'agri-

culture ; car il ne suffit pas d'adopter un système,
de le prendre fabriqué de toutes pièces dans les
traités agricoles, pour l'appliquer à tout hasard
selon le caprice irréfléchi de chacun, il faut, et
c'est là le difficile, il faut qu'il ait sa raison d'être
impérieuse, et qu'il puisse se maintenir par lui-
même : c'est-à-dire être en même temps améliorateur et fructueux.

Quel est le système d'assolement qu'il convient
d'appliquer aux terres du *Ségala*, lorsqu'elles ont
reçu l'amendement calcaire qui les rend propres
à toute culture ? Voilà la question importante,
capitale, que je me suis posée d'abord ; voici
comment je l'ai résolue.

Ces terres sont par elles-mêmes à peu près infertiles, ainsi qu'il a été dit plus haut, de là, la
nécessité de leur appliquer des engrais abondants,
des fumures puissantes ; de là aussi, la nécessité
absolue de les traiter par la culture intensive qui,
ne leur laissant pas de repos, utilise tous les engrais ; tandis que le système extensif ne permet
pas les fortes fumures, dont une partie serait
perdue au profit des plantes adventices.

Ces terres, incessamment envahies par le chien-
dent, la renoncule et une foule de mauvaises her-

bes, exigent de fréquents binages, pour être te-
nues dans un état de propreté nécessaire à toute
bonne agriculture, à celle qui doit donner des
produits rémunérateurs.

De là encore l'obligation de donner, dans l'assolement à adopter, une large place à la culture
des plantes sarclées, racines ou tubercules. L'assolement quatriennal, modifié de telle sorte qu'on
puisse éloigner le trop fréquent retour des trèfles
sur la même sole, me paraissant remplir ces
deux conditions, plus complétement que tout
autre, je l'adoptai, tout en augmentant autant que
possible l'étendue de mes prairies naturelles,
qui, de huit hectares quatre-vingt-dix-neuf ares,
soit neuf hectares, fut amenée successivement à
dix-huit hectares trente-trois ares.

La rotation fut celle-ci :

Première année :	plantes sarclées.
Deuxième année :	blé.
Troisième année :	demi-trèfle, demi-fourrages de diverses natures farouch, vesces, maïs, etc.
Quatrième année :	avoine.

ou bien :

Deuxième année :	avoine.
Quatrième année :	blé.

Le trèfle n'occupait le sol qu'une année, sur une demi-sole, afin de n'y revenir que tous les huit ans.

On voit, au premier coup d'œil, toute la puissance de cet assolement qui fournit des engrais abondants, puisque deux soles, la première et la troisième, sont destinées à la consommation des bestiaux, concurremment avec les prairies naturelles, étendues et améliorées successivement par des drainages et des arrosements mieux combinés.

Mais cet assolement qui seul convient, pour les motifs indiqués plus haut, aux terres qu'il importe d'améliorer rapidement, est-il réellement fructueux et peut-il se soutenir de lui-même ? C'est-à-dire, produit-il les engrais à bon marché, condition essentielle d'une culture profitable ?

Ici se posa dans mon esprit un dilemme redoutable, car l'expérience a démontré, à tous ceux qui ont étudié ces phénomènes, que les racines ou tubercules consommés directement par le bétail sont payés par lui un prix bien inférieur à leur prix de revient. En effet, trois cents kilos de pommes de terre, par exemple, qui coûtent six francs quarante-cinq centimes, à raison de deux francs quinze centimes les cent kilos, pro-

duisent en moyenne six kilos de viande, poids
vif, soit une valeur de trois francs quatre-vingt-
seize centimes, à raison de soixante-six francs les
cent kilos, prix rarement atteint sur nos marchés.
Il reste donc une valeur de deux francs quarante-
neuf centimes, qui représente le prix du fumier.
Ces évaluations, dont on peut garantir l'exacti-
tude, font ressortir le prix des engrais à un chiffre
excessif. Il fallait donc renoncer à cette pratique,
et vendre les récoltes en nature. Mais ici vint se
placer le second terme du dilemme. En vendant,
c'est-à-dire en exportant la récolte de plantes sarclées, il devient impossible de produire les engrais
nécessaires à ces terrains infertiles, qu'il s'agit
d'améliorer. Je me trouvais donc dans la nécessité de renoncer à cet assolement, si riche au
point de vue de la fertilisation du sol, ou d'y ad-
joindre la seule chose qui pût le rendre viable, en
le maintenant profitable : je veux parler d'une industrie agricole qui me permît de faire consommer mes racines, en en retirant un prix rémuné-
rateur. L'idée d'une petite distillerie agricole se
présenta naturellement à mon esprit. J'étudiai
donc cette question, si intéressante du reste en
elle-même, et, après de mûres réflexions, je me

décidai à annexer cette industrie à mon exploitation. Malheureusement, au moment de mettre ce projet à exécution, je fus atteint par un grand désastre financier, où je perdis une notable partie de ma fortune, et je me vis contraint d'ajourner la réalisation de mes projets.

Ce retard forcé ne fut pas entièrement perdu pour l'étude de cette intéressante question. Son examen plus approfondi me détermina à rechercher un système de distillation, dont l'installation fut peu coûteuse, afin d'y engager le plus faible capital possible. Cette considération est très-importante au point de vue agricole, car l'industrie annexe ne doit point commander la culture, mais bien lui être subordonnée, de telle sorte que s'il arrive, ce qui m'est en effet arrivé en 1865-66, qu'on soit obligé de subir un chômâge forcé, l'intérêt du capital engagé étant insignifiant, la perte devient fort légère.

Après un voyage dans le nord, dans l'est de la France et en Allemagne, j'adoptai le système le plus simple : celui qui exigeait le moins de frais. Son installation sous un hangar, qu'il a fallu aménager pour cela, m'a à peine coûté deux mille cinq cents francs. Un seul homme suffit pour toutes les opérations , sauf pour l'écrasage des pommes de terre qui nécessite l'aide de deux ouvriers , pendant une heure environ tous les deux jours.

Les résultats économiques ne sont pas douteux; la distillation me permet de faire consommer par le bétail , mes tubercules et même des grains , avec bénéfice , et le problème posé se trouve résolu ; l'assolement améliorateur peut être maintenu , tandis que , livré à ses propres forces , il devient nécessairement onéreux et doit être abandonné par tous ceux qui se trouvent dans une situation analogue , et sur des terrains de même nature.

Il n'y a pas de raisonnement, j'en réponds, qui puisse détruire cette vérité absolue , démontrée par tous les calculs.

Avant d'abandonner ce chapitre si important , il est bon que je signale une autre petite industrie que j'ai annexée aussi à ma ferme , et que je donne les motifs de cette détermination qui fut le résultat de la rareté toujours croissante de la main-d'œuvre , à l'époque des grands travaux. Pour obvier, dans une certaine mesure, à cet inconvénient grave, et avoir toujours deux ouvriers supplémentaires à ma disposition, j'ai augmenté mon personnel de domestiques de deux hommes. Mais, afin qu'ils ne me soient pas à charge pendant les jours trop nombreux où l'on ne peut travailler au-dehors, j'ai fait monter deux métiers à toile, où ils sont occupés pendant les veillées d'hiver et les jours de pluie ou de neige. C'est ainsi que l'année dernière j'ai fait confectionner plus de deux mille mètres de toiles qui, à raison de vingt centimes, représentent un bénéfice de quatre cents francs.

J'oubliais de mentionner une industrie nouvelle, qui va fonctionner sous peu de jours, et qui aura aussi son utilité. — L'installation de ma distillerie nécessitant la mouture des malts et d'une certaine quantité de grains, dont les résidus doivent être employés à l'engraissement, j'ai entrepris de compte à demi avec mon beau-père, la construction d'un moulin dont il est l'inventeur : le moulin est désigné sous le nom de turbine à air. Cette construction m'affranchira de l'obligation d'aller au loin faire mes moutures, et de perdre ainsi souvent un temps précieux.

Bestiaux.

J'élève peu de bêtes à cornes, trouvant plus profitable de spéculer sur l'achat et la revente après engraissement pendant l'hiver, après avoir fait consommer mes fourrages verts pendant l'été.

J'ai cependant, d'une manière permanente, quatre paires de bœufs d'attelage, une dizaine de vaches, huit ou dix chevaux ou poulains.

Les bêtes à cornes sont généralement de la race de Salers; les vaches, qui forment le noyau permanent de mon étable, sont attelées souvent, mais produisent des veaux que je vends à l'âge de quatre mois pour la boucherie, ou que j'élève s'ils présentent des qualités supérieures.

Les animaux que j'appelerai de passage, sont achetés dans les foires, et choisis seulement au point de vue du bénéfice présumé, sans que je m'attache à la taille, ni à la robe, ni à la race. Ce sont tantôt des taurillons, tantôt des génisses, tantôt des animaux faits, selon que les cours sont plus ou moins favorables.

En examinant le tableau de mes achats et ven-

Suivant les saisons, les suites de mes truies peuplent mes étables à porc. J'en engraisse en moyenne dix, les autres sont vendus au sevrage.

Je n'élève que des races perfectionnés : l'une de mes truies est fille de Fair-Hope, appartenant à la ferme impériale de Vincennes, de la race d'Yorck ; elle est très-belle, quoiqu'elle n'ait pas atteint le développement de sa mère.

Ma porcherie a été beaucoup plus considérable, je l'ai réduite parce que le porc consomme énormément de paille pour produire relativement peu de fumier.

En résumé, il ressortira du tableau de mes opérations sur les bestiaux, que je nourris environ une demi tête de gros bétail par hectare.

Ma basse-cour est bien peuplée ; presque tout son produit est consommé dans mon ménage, qui est considérable. Les oies sont engraissées et fondues pour être mises en conserves ; une partie des canards aussi. Les poules sont de races mêlées, aujourd'hui, cependant, c'est le *Houdan* qui domine.

Travaux.

Les labours sont faits par la charrue dombasle perfectionnée, et le grappin. Je me sers de la herse dombasle, du rouleau et de la houe à cheval.

Les semailles des céréales sont faites à la main, enfouies au moyen d'un trait de herse, à raison de un hectolitre soixante litres par hectare.

Pour les récoltes sarclées, les travaux de binage, buttage, arrachage, etc. . . . . sont faits en grande partie à la tâche, souvent même ils sont payés en nature ; du reste les ouvriers préfèrent ce dernier mode.

Bâtiments.

Il a été fait beaucoup de réparations à de vieux bâtiments, afin de les assainir et de les rendre habitables, mais aucune construction de luxe. J'ai été obligé d'utiliser ce qui existait déjà. Ce qui prouve, du reste, que mes étables sont saines, suffisamment aérées, en un mot, dans de bonnes conditions de salubrité, c'est qu'elles ont été préservées jusqu'ici des épidémies charbonneuses, qui ont sévi si cruellement tout autour de moi depuis quelques années.

Comptabilité.

Ma comptabilité est simple, elle consiste dans un carnet de poche où j'inscris les recettes et les dépenses, au fur et à mesure qu'elles se produisent — c'est mon brouillard — et dans un livre par doit et avoir où chaque nature de produit est indiquée. Du dépouillement de ce livre il résulte que le produit des dix dernières années s'est élevé à six mille vingt-deux francs. Il convient de rappeler ici que le point de départ était douze cents francs.

Ce résultat en dit assez pour qu'il ne soit pas nécessaire d'y insister. Je ne dois pas cependant terminer ce mémoire sans mettre sous les yeux du jury les deux tableaux de la division du sol, par nature de terres, telle qu'elle existait avant les travaux d'amélioration, et telle qu'elle est aujourd'hui. Ce sera comme le résumé synoptique d'une entreprise conduite avec persévérance pendant dix-sept années, malgré les difficultés dont peuvent se rendre compte ceux-là seuls qui ont eu, comme moi, à lutter contre l'ingratitude du sol, l'insuffisance des ressources et, dans mes débuts, contre l'ignorance et la malveillance des hommes.

Tableau comparatif

de l'état du domaine de Bérals avant et après les améliorations.

	Avant.			Après.		
Terres	14ʰ	28ᵃ	70ᶜ	49ʰ	54ᵃ	97ᶜ
Prés	8	99	30	18	33	9
Pâtures, Bois, Bruyères	54	59	40	10	42	34
Eaux		9	72		14	74
Cours, Jardins et Annexes	1	24	42		99	20
Bâtiments.		13	56		24	»
Chemins.		80	»	1	35	30
	80	15	10	84	03	64

A la suite de ce tableau qui montre d'une manière saisissante la transformation radicale de la propriété de Bérals, il paraîtra peut-être intéressant de placer celui du mouvement de mes bes-

tiaux pendant l'année 1863, date de l'installation
de ma distillerie.

Animaux à l'engrais.

1° Une paire de bœufs achetés, le 29 octobre, ...	800f	
Vendus, après engraissement avec les résidus de la distillerie, ...		1,191f
2° Une paire de bœufs achetés .	760	
Vendus		1,010
3° Une paire de bœufs sortis de mes étables, évalués, le 1er novembre, ...	825	
Vendus, après engraissement, . . .		1,212 50
4° Une paire de bœufs évalués, le 1er novembre, ...	700	
Vendus, après engraissement, . . .		985
5° Une vache achetée, le 25 novembre, ...	200	
Vendue, après engraissement, . . .		307 50
6° Une vache achetée, le 25 novembre, ...	210	
Vendue, après engraissement, . . .		296
7° Une vache évaluée, le 1er novembre, ...	250	
Vendue, après engraissement, . . .		360
8° Une vache évaluée, le 1er novembre, ...	240	
A reporter, ...	3,985f	5,365f

Report	3,085f	5,365f
Vendue, après engraissement, ...		360
9° Douze cochons évalués, le 1er novembre, ...	720	
Vendus, après engraissement, ...		1,380
10° Onze veaux de boucherie, nés et élevés à Bérals, vendus, dans l'année, au prix total de.		1,260
11° Une vache et son veau achetés	170	
Vendus, trois mois après, savoir:		
Le veau		110
La vache		145

Animaux de croît.

Six taurillons achetés.	1,145	
Vendus, à diverses époques, ...		1,630
Deux bœufs de travail achetés. .	732	
Vendus, quatre mois après, ...		770
Vendu, à diverses époques, cinq génisses		805
Elles avaient coûté	720	
Vingt et un porcelets vendus		547
Produit de mon petit troupeau . . .		470

Il faut ajouter, pour mémoire, cinq
élèves (deux taureaux et trois génisses), qui n'ont été vendus que l'année suivante, et deux poulains éle-
vés aussi.

Totaux	7,472f	12,842f
Différence.	5,370f	

Ces chiffres représentent, on le comprend, les

résultats bruts de mes opérations, et non le produit net qui ne pourrait être dégagé, d'une manière précise, sans tenir compte des frais géné-
raux, de la valeur des fourrages consommés, du
fumier produit, etc..... en un mot, de tous les
éléments de la comptabilité.

Ce travail sera fait plus tard pour toutes les
branches de mon industrie agricole, et mis sous
les yeux du jury. Quant à présent, j'ai cru qu'il
importait surtout d'indiquer, le plus succinte-
ment possible, les travaux qui ont amené la transformation de ma propriété, le système d'agriculture adopté, de bien marquer le point de départ et le point d'arrivée, de donner de mon
exploitation une vue d'ensemble, qui permette
d'apprécier la pensée qui m'a dirigé, et de juger
l'œuvre par ses grands côtés.

Sans avoir la prétention de préjuger les déci-
sions du jury, j'ose espérer qu'il reconnaîtra, avec
l'opinon publique, que mon exploitation a été
*sagement dirigée, en rapport parfait avec les
circonstances locales où elle se trouve placée,
bien réglée dans ses dépenses et productive dans
ses résultats,* et que, reconnaissant l'influence
exercée par mon exemple, sur l'agriculture du

pays, il ne pensera pas que j'aie trop présumé de moi-même en me portant candidat à la prime d'honneur.

APPENDICE

Après avoir relu mon mémoire, écrit un peu à la hâte, j'ai remarqué quelques lacunes qu'il m'a paru essentiel de combler.

J'ai oublié, en premier lieu, de faire connaître le prix d'achat de ma propriété et le chiffre de mes dépenses (en capital) employé en améliorations ou réparations; sa valeur actuelle.

J'ai négligé aussi de dire comment, ayant successivement défriché, drainé et mis en culture cinquante-huit hectares, j'ai fait entrer dans l'assolement, chaque année, les parcelles mises en culture. Je vais, dans cet appendice, fournir quelques renseignements à cet égard.

En 1821 Bérals devint la propriété de mon père au prix évalué dans un échange à trente mille francs. Il fut augmenté de quelques enclaves, et d'une partie de la propriété d'un voisin, le tout pour onze mille francs environ. Total quarante et un mille francs. En 1849 j'en devins propriétaire au prix total de cinquante-neuf mille cinq cents francs, contrat en poche. Depuis cette époque j'y ai dépensé un capital de vingt et un mille francs, non compris les constructions récentes d'une cave, grenier au-dessus et moulin, le tout non encore terminé, et dont les frais, par suite d'arrangements particuliers avec mon beau-père, ne sont à ma charge que pour une part. Ce qui porte le prix de revient jusqu'à ce jour à la somme de quatre-vingts mille francs environ.

Au dire des hommes experts que j'ai prié d'évaluer ma propriété, aussi approximativement que possible, sa valeur est aujourd'hui de cent trente mille francs — je crois cette évaluation trop faible, — mais, en l'admettant comme exacte, elle ferait ressortir une plus value de cinquante mille francs.

On voit que depuis 1821 Bérals a plus que quadruplé de valeur, et, si l'on admet que l'augmentation progressive et naturelle des propriétés, depuis cette époque, est de cinquante pour cent, il n'en reste pas moins acquis une augmentation considérable due aux améliorations judicieusement entreprises et sagement conduites.

La nécessité de trouver dans ma propriété toutes les ressources nécessaires pour son amélioration, m'a conduit, en effet, à adopter une marche sinon rapide, du moins sûre et qui me permît d'éviter les écueils sur lesquels viennent souvent se heurter ceux qui entreprennent la régénération d'une propriété par les défrichements. Aussi puis-je dire avec assurance que, depuis que j'ai pris cette affaire en main, je n'ai commis aucune faute lourde, fait aucune école qui vinssent retarder le progrès toujours croissant de mon entreprise.

La meilleure preuve que j'en puisse fournir, c'est l'état général du plateau autrefois désert où se trouve située ma propriété. L'exemple que j'ai donné a été contagieux, et je puis dire avec satisfaction que nulle part peut-être, dans le département, on ne pourrait signaler plus d'entrain de la part des agriculteurs, et plus de progrès accomplis. Tous, grands ou petits propriétaires, tous se sont mis à l'œuvre, et l'on ne voit plus aujourd'hui que de rares spécimens de l'état primitif de cette contrée. La bruyère, la fougère ont

disparu ou tendent à disparaître, et dans peu d'années il n'en restera plus de trace.

Dès le début de mes travaux, je me fis une loi
de n'entreprendre un défrichement nouveau, que
lorsque les anciens me fournissaient assez de fourrages pour pouvoir disposer d'une somme d'engrais suffisante. Je me bornai donc à la mise en
culture annuellement de trois hectares environ ;
chaque année j'augmentai proportionnellement
mes prairies naturelles, ou du moins leur rende-
ment, ou je me procurai des ressources au moyen
de fourrages artificiels.

La période de défrichement dure pour chaque
parcelle deux ans. La première année, pendant
l'hiver, je donne un labour énergique au moyen
duquel j'enfouis les bruyères ; le sol est laissé
dans cet état jusqu'à l'hiver suivant, ce qui permet à tous les détritus ligneux de se décomposer.
Alors je divise ce sol par plusieurs labours et au
printemps je plante des pommes de terre, avec
une fumure énergique. Quelquefois je sème une
avoine ou un seigle, et sur cette récolte je fais
ma culture sarclée à laquelle succède une céréale,
après chaulage ; vient ensuite la culture fourragère ; de telle sorte que les trois premières an-

nées, qui suivent le défrichement, me donnent deux récoltes productives d'engrais, savoir :

1° La récolte sarclée ;

2° La récolte fourragère.

On peut voir combien ce système, que j'ai préconisé avec persévérance et que j'ai pratiqué moi-même constamment, est avantageux pour l'amélioration rapide du sol. Il renferme, en effet, les deux éléments essentiels : la production abondante des engrais, et le nettoiement des terres au moyen des binages.

Je ne pense pas qu'il soit utile de s'appesantir plus longtemps sur les conséquences de mon système, elles seront comprises par tous ceux qui se sont occupés de la solution de ces difficiles problèmes. Il me paraît d'ailleurs convenable de ne pas donner à cet appendice un développement plus étendu, me réservant de fournir à Messieurs de la commission les explications verbales qu'ils jugeront convenable de me demander.

— VILLEFRANCHE, TYPOGRAPHIE DE VEUVE GUSTAN. —